一日一氷

365日のかき氷

原田 泉

ぴあ

はじめに

かき氷が文化に成ればいいな。
いつでもどこでもかき氷が食べられる様に成ればいいな。
そんな思いで昨年書かせていただいた「にっぽん氷の図鑑」
お陰様で大好評を頂きまして今年もぴあより
「一日一氷《いちにちいっぴょう》」を出版させて頂くはこびとになりました。

これまで夏の風物詩的存在でしかなかったかき氷は、
プロゴーラーの皆様の、日々繰り返される
メニュー開発とたゆまぬ努力、
客が来ない冬の日でも氷を捨てなかった忍耐力、
ひいきの店に通い、お店を支えてきたゴーラーの皆様の投資、
真冬に身体を震わせながら何個も食べたゴーラー魂、
ご馳走様のお返しに勝手連として情報発信の日々・・・。
かき氷の美しさや魅力はＳＮＳで素人さんにも拡散され、
大量の新人ゴーラーを生み、
マスコミもこぞって「かき氷ブーム」と持て囃しました。

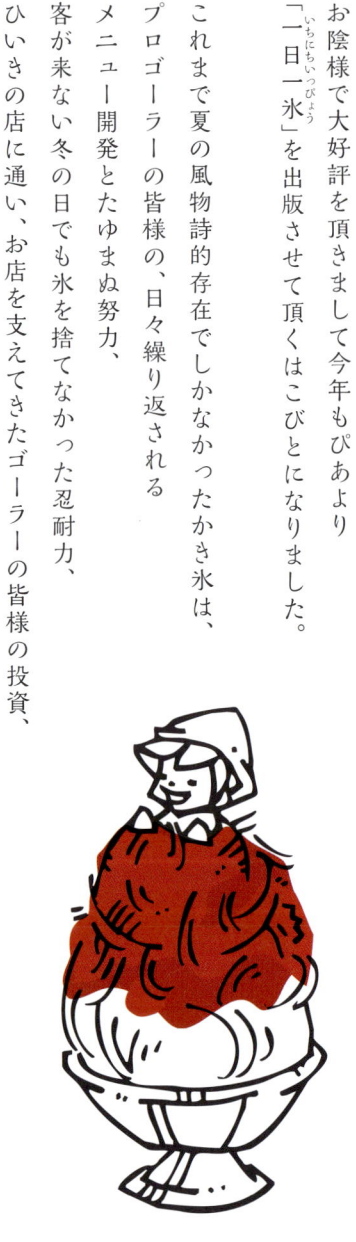

何故、かき氷は通年で食べられる様になったのか、
その答えは「季節」と「祭事」です。
かき氷は季節に寄り添うことでその魅力を増し、
作り手たちは競う様に季節の果物を使った「季節氷」や、
祭事に合わせた「イベント氷」を開発し、
食べ手のゴーラーたちはその素晴しさに酔いしれました。

そんな季節を彩るかき氷の３６５日を暦に乗せて表現し、
日本の四季や祭事に寄り添いながら、
今後も脈々と受継がれるであろう日本固有の文化「かき氷」が、
３６５日生きている証を本にまとめさせていただきました。
カレンダー風に仕上げてありますが、一挙に最後まで見ちゃってください。

最後に一つだけ、かき氷に表記された日付はあくまでも目安であり、
その日に必ずそのかき氷が有るとは限りませんのでご注意ください。
それでは５月からこの暦をスタートさせていただきます。

原田 泉

目次

五月

May

五月一日

八十八夜

夏も近付く八十八夜、
この日に摘んだ茶葉は上等なものとされ
飲むと長生きするといわれています。
ということは・・・

抹茶あずき
慈げん［熊谷］

五月二日

宮島のもみじ谷が
新緑に包まれる頃
瀬戸内レモンの収穫は
最盛期を迎えます。

瀬戸内レモンミルク
玉氷［宮島］

五月三日　憲法記念日

定禅寺通のケヤキ並木が萌える頃
杜の都のかき氷ははしりを迎えます。

宇治抹茶金時
梵くら［仙台］

五月四日

みどりの日

日本列島が新緑に包まれる頃
沖縄の長い夏が始まります。

波照間ブルー

パーラーみんぴか［波照間］

五月五日

こどもの日

子供たちのお楽しみは
巨大なカラーシロップ氷。
先を争って食べる姿に
幸せを感じる岩切さんは
今日は一段と高く
屋根より高く。

マンゴー

百姓うどん
［宮崎］

五月六日

ベリーベリーベリー
ティラミス

梵くら［仙台］

五月七日

織部氷

さくら氷菓店［土浦］

五月八日

いろんなレモン

浅草浪花家［浅草］

五月九日

レモンとミックスベリーの
レアチーズ

セバスチャン［渋谷］

五月十日

抹茶ミルク

BALLON D'ESSAI［下北沢］

五月十一日

レモンミルク

赤鰐［岐阜］

五月十二日

抹茶(参考商品)
KAKIGORI CAFE ひむろ[香川]

五月十三日

利休
二條若狭屋 寺町店[京都]

五月十四日

無農薬レモンミルク

梵くら［仙台］

五月十五日

広島レモンミルク

小春カフェ［広島］

五月十六日

抹茶あずき

玉氷［宮島］

五月十七日

抹茶ミルク

みそらやcafe［南阿蘇］

五月十八日

擂茶氷

おちゃのこ［奈良］

五月十九日

くだもの

あんみつかき氷

うめのま［博多］

五月二十日

抹茶しぐれ

純喫茶長寿［山口］

五月二十一日

抹茶

白あんごおり

ほうせき箱［奈良］

五月二十二日

宇治金時

浅草浪花家［浅草］

五月二十三日

氷宇治しるこ

しるこ一平［佐賀］

五月二十四日

抹茶かき氷

森乃園［人形町］

五月二十五日

抹 茶

ほうせき箱［奈良］

五月二十六日

濃い濃い大人の抹茶氷

おちゃのこ［奈良］

五月二十七日

狭山抹茶金時

クラフトカフェ［浦和］

五月二十八日

レモンジンジャー

Bum Bun Blau Cafe with Bee Hive［品川］

五月二十九日

エスプレッソかき氷

BALLON D'ESSAI［下北沢］

五月三十日

ミルクココア

慈げん［熊谷］

五月三十一日

宇治ミルクしるこ白玉

緋毬［名古屋］

六月

June

六月一日

マンゴーミルク
梵くら［仙台］

熟したマンゴーがネットに落ちる頃
日本中のかき氷店でマンゴーの花が咲きます。

六月二日

マンゴーヨーグルト

玉氷［宮島］

六月三日

マンゴーパッション
山口果物［大阪］

六月四日

レモンミルク
ヨーグルトマンゴー
慈げん「熊谷」

六月五日

マンゴー
ショートケーキ
セバスチャン「渋谷」

六月六日

レアチーズマンゴー
セバスチャン［渋谷］

六月七日

オレンジと人参
慈げん［熊谷］

六月八日

マンゴーミルク
おまち堂［岡山］

六月九日

ミルク氷・マンゴーソース
伽藍堂［滋賀］

六月十日

入梅

雨に濡れた庭を眺めながら
すぐ隣の夏の日を想う。

マンゴーパッション
ジェネレ[山口]

六月十一日

いちご
ジェネレ[山口]

六月十二日
マンゴー
おちゃのこ［奈良］

六月十三日
氷あんみつ
慈げん［熊谷］

六月十四日
マンゴーに紫芋
いちょうの木［品川］

六月十五日
すもも
和・カフェ蛍茶園［大分］

六月十六日
バナナ
クラフトカフェ［浦和］

六月十七日
マンゴー
パーラーみんぴか［波照間］

六月十八日

無農薬奄美すもも
花螺李

六月十九日

無農薬甘夏
ヨーグルトチーズケーキ

六月二十日

杏とヨーグルト
チーズケーキ

六月二十一日
夏至

梵くら[仙台]

ラズベリー氷を食べながら
遠く北欧の白夜を想う。

ラズベリー

六月二十二日

珈琲カキ氷
çocoo cafe
［大阪］

六月二十三日

カカオミルク
松下キッチン
［大阪］

六月二十四日

エスプレッソ
慈げん［熊谷］

六月二十五日

大人のティラミス
セバスチャン［渋谷］

六月二十六日

三種のナッツに無農薬ラズベリー

梵くら［仙台］

六月二十七日

ボイセンベリー

KAKIGORI CAFE ひむろ

［香川］

六月二十八日

梅色カキ氷
うめのま［博多］

六月二十九日

木苺ヨーグルト
チーズケーキ
梵くら［仙台］

六月三十日

梅雨の中休みは貴重なかき氷日和。
この頃瀬戸内の大崎上島では
ブルーベリーの収穫が最盛期を迎えます。

ブルーベリー
ヨーグルトミルク
玉氷［宮島］

七月

July

七月一日

岐阜の夏の風物詩は赤鰐の行列。
この氷を求めて日本中から
桃ゴーラーが集まります。

桃デラックス
赤鰐［岐阜］

七月二日

豆乳ずんだ

慈げん［熊谷］

七月三日

パッションフルーツとパッションガナッシュ
セバスチャン［渋谷］

七月四日

パッションフルーツ
氷屋ぴぃす［吉祥寺］

七月五日

魔女のマンゴー氷

クラフトカフェ［浦和］

七月六日

すいか

慈げん［熊谷］

七月七日

ザ・パインに
レモンミルクヨーグルト

慈げん［熊谷］

七月八日

特・ミルク氷いちごソース

伽藍堂［滋賀］

七月九日

マンゴー濃厚ミルク
慈げん［熊谷］

七月十日

ブルーベリーレモン
ミルクヨーグルト
慈げん［熊谷］

七月十一日

すももに濃厚ミルク

慈げん［熊谷］

七月十二日

いちごミルク

小春カフェ［広島］

七月十三日

あまおうラズベリー

DERBAR［奈良］

七月十四日

生桃梅酒

玉氷［宮島］

七月十五日

もも

ととあん［尾道］

七月十六日

コーヒーミルク

玉氷［宮島］

七月十七日

ももミルク

KAKIGORI CAFE ひむろ［香川］

七月十八日

海の日

浜辺でかき氷、天国ですね。

Gooler's Heaven

レモン

KAKIGORI CAFE ひむろ［香川］

七月十九日

800円コース

ちもと［八雲］

七月二十日

桃ミルク

梵くら［仙台］

七月二十一日

いちご氷

中村軒［京都］

七月二十二日
氷菓あまおう
鈴懸本店［博多］

七月二十三日
あくつレインボー
佐助［栃木］

七月二十四日
銀　時
天文館むじゃき［鹿児島］

七月二十五日
桃
HACHIKU［池袋］

七月二十六日
無農薬黒スグリ
梵くら［仙台］

七月二十七日
バラエティ
ぬのはし［浜松］

七月二十八日

かき氷

茜庵［徳島］

七月二十九日

八女金時

鈴懸本店［博多］

七月三十日

じゃがいもコーン

慈げん[熊谷]

七月三十一日

花梨と酒粕クリームのかき氷

氷舎 mamatoko［東京］

八月

August

八月一日

コーヒー
野口商店
［大阪］

アノネ
にんげんにはね
味覚ってものがあってね
それは背と一緒で
伸びるんだ
こどもには手の届かない所も
大人は届くだろ
味覚もおなじでね
こどもには理解できない味も
大人になればわかるのさ

蜜男

八月二日

苺ミルク

Anjin［渋谷］

八月三日

抹茶あずき

和・カフェ蛍茶園［大分］

八月四日

ブルーベリー
ヨーグルト
みそらやcafe［南阿蘇］

八月五日

大人のブルーハワイ

慈げん［熊谷］

八月六日

マスクメロン

梵くら［仙台］

八月七日

メロン

Kotikaze［大阪］

八月八日

イチゴ

みそらやcafe［南阿蘇］

八月九日

晩柑ヨーグルト

みそらやcafe［南阿蘇］

八月十日

すだち氷＆青森産サワーチェリー

DERBAR［奈良］

八月十一日

ブルーベリーミルク

さくら氷菓店・畑店［龍ヶ崎］

八月十二日

桂うり氷

中村軒［京都］

八月十三日

キウイヨーグルト

慈げん［熊谷］

八月十四日

白くま

パラゴン［鹿児島］

八月十五日

プリン白熊

天文館むじゃき［鹿児島］

八月十六日

桃濃厚ミルク
慈げん［熊谷］

八月十七日

小豆ミルク
目黒ひいらぎ［目黒］

八月十八日

カルピスラテ
さくら氷菓店・畑店
［龍ヶ崎］

八月十九日

お江戸甘みそ&ナッツのフロマージュ
雪うさぎ［駒沢］

八月二十日

いちご
野口商店[大阪]

八月二十一日

コーヒーミルク
野口商店[大阪]

八月二十二日

コーラ
野口商店[大阪]

八月二十三日

エメラルドパイン
野口商店[大阪]

八月二十四日

宇治ミルク
野口商店
[大阪]

八月二十五日

ハワイアンブルーミルク
野口商店[大阪]

八月二十六日

ほうじ茶かき氷

森乃園［人形町］

八月二十七日

いちごミルク

さくら氷菓店・畑店［龍ヶ崎］

八月二十八日

小玉スイカ

雪うさぎ［駒沢］

八月二十九日

黒蜜きなこ

和・カフェ蛍茶園［大分］

八月三十日

ベリーベリーローズミルク
佐助［栃木］

八月三十一日

今日で夏休みも終わり
宿題が終わった子だけ
かき氷を食べられます。
しんちゃんはどうかな？

ブルーベリー
和・カフェ蛍茶園［大分］

九月

September

九月一日

ピオーネ
おまち堂［岡山］

九月二日

ふどう
KAKIGORI CAFE ひむろ［香川］

九月三日

大葉とシャインマスカットの
かるいマリネ
氷舎 mamatoko［東京］

九月四日

シソ巨峰
春日野窯［奈良］

九月五日

ぶどう
あんから庵［愛媛］

九月六日

ピオーネ
和・カフェ蛍茶園［大分］

九月七日

ピオーネヨーグルトミルク

玉氷［宮島］

九月八日

伊予柑

あんから庵［愛媛］

九月九日

三種のぶどう食べ比べ

和・カフェ蛍茶園［大分］

九月十日

大和チャイ

ほうせき箱

［奈良］

九月十一日

パイン

和・カフェ蛍茶園［大分］

九月十二日

いちじく

KAKIGORI CAFE ひむろ［香川］

九月十三日

氷くるみ餅

八角堂［堺］

九月十四日

ミル金

カニドン［岡山］

九月十五日

ピーカンパイ

いちょうの木［品川］

九月十六日

ゆず

パーラーみんぴか［波照間］

九月十七日

ジンジャーハニー

Cafe&Diningbar 珈茶話［日光］

九月十八日

ほうじ茶

和・カフェ蛍茶園［大分］

九月十九日

敬老の日

創業九十一年、
岡山のカニドンは現存する最古のかき氷店。
今日はいちごミル金を食べながら
御歳六十八歳のシニアプロゴーラーの水島さんが
ロートルのかき氷機で格好良く氷を削る姿を見たい。

イチゴミルク氷

カニドン［岡山］

九月二十日

果物ミルク
赤鰐［岐阜］

九月二十一日

秋 姫
さくら氷菓店
［土浦］

九月二十二日

秋分の日

巨峰ミルク

梵くら［仙台］

九月二十三日

黄金桃

おまち堂［岡山］

九月二十四日

カフェクレーム

クラフトカフェ［浦和］

九月二十五日

ぶどう

野口商店［大阪］

九月二十六日

トマトミルク

Cafe&Diningbar 珈茶話［日光］

九月二十七日

巨峰

和・カフェ蛍茶園［大分］

九月二十八日

生メロン

雪うさぎ［駒沢］

九月二十九日

アッサムとディンブラ

ティーハウスマユール宮崎台店［川崎］

九月三十日

無農薬木いちごと
ヨーグルトチーズケーキ
梵くら［仙台］

十月

October

あずきのかおり
和の心。

十月一日

かき氷に無くてはならないもの
長年連れ添ってきた夫婦の様に
あうんの呼吸で寄り添うもの
それがあんこです。
あんこの原料である小豆は
この頃に収穫期を迎え
新豆が市場に出回り始めます。

氷白玉

志むら［目白］

十月二日

しるこここなっつ

A.cocotto［名古屋］

十月三日

あずきミルク

玉氷［宮島］

十月四日

広島
クリームぜんざい
小春カフェ［広島］

十月五日

金時ミルク
おまち堂［岡山］

十月六日

氷あずき
志むら［目白］

十月七日

抹茶あずきミルク白玉
伽藍堂［滋賀］

十月八日

しるこリッチ
雪うさぎ［駒沢］

十月九日

あんこミルクかき氷
うめのま［博多］

十月十日

ぜんざい
パーラーみんぴか［波照間］

十月十一日

ミルクぜんざい
ひがし食堂［名護］

十月十二日

コーヒーミルクぜんざい
パーラーマルミット［名護］

十月十三日

いちごミルク金時
千日［那覇］

十月十四日

小豆きなこクリーム

玉氷［宮島］

十月十五日

冷やし大納言

しるこ一平［佐賀］

十月十六日

氷しるこ

しるこ一平［佐賀］

十月十七日

氷きんとき

しるこ一平［佐賀］

十月十八日

豆ミルク

たこ八［麻布］

十月十九日

宇治白あん金時

浅草浪花家［浅草］

十月二十日

特ミルク+こしあん白玉
伽藍堂［滋賀］

十月二十一日

きなこミルク金時
緋毬［名古屋］

十月二十二日

あずき氷
和・カフェ蛍茶園［大分］

十月二十三日

お濃い宇治金時
ととあん［尾道］

十月二十四日

ミルクぜんざい

ほてい茶屋［高知］

十月二十五日

抹茶あずきミルク

みそらやcafe［南阿蘇］

十月二十六日

抹茶あんみつかき氷

うめのま［博多］

十月二十七日

ほうじ茶あずき

みそらやcafe［南阿蘇］

十月二十八日

氷ぜんざい

あんから庵［愛媛］

十月二十九日

ミルク金時

小春カフェ［広島］

十月三十日

ミルク金時

祇園日［京都］

十月三十一日

Hallowe'en

無農薬パンプキンミルクフロマージュ

梵くら［仙台］

十一月

November

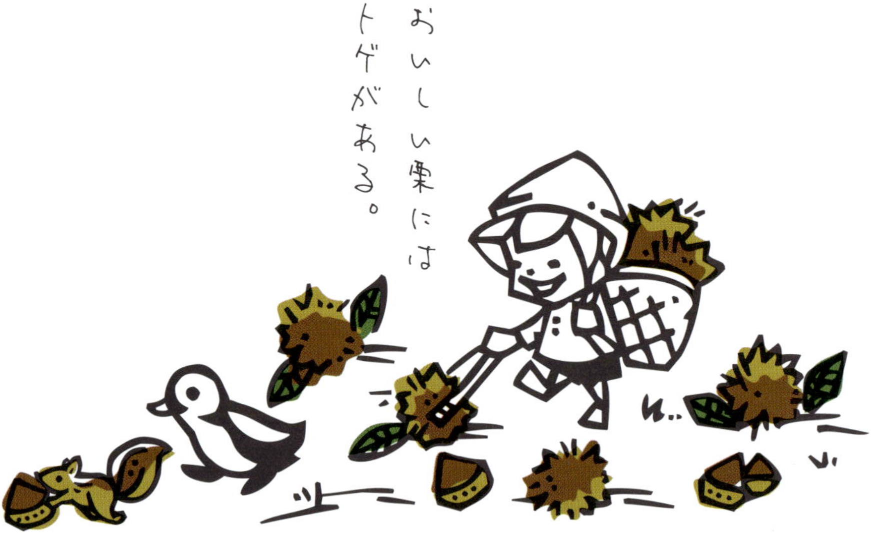

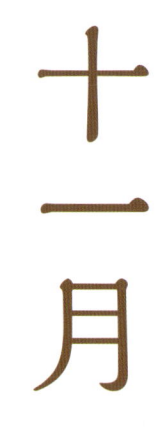

十一月一日

犬の日

犬と一緒に入れるお店が増えてます。

塩キャラメル

雪うさぎ［駒沢］

十一月二日

Mont Branc

慈げん［熊谷］

十一月三日

文化の日

和栗

廚菓子くろぎ［本郷］

十一月四日

栗ミルク
梵くら［仙台］

十一月五日

マロン&
パンプキンミルク
フロマージュ
梵くら［仙台］

十一月六日

栗ミルク

慈げん［熊谷］

十一月七日

マロンちゃん

さくら氷菓店［土浦］

十一月八日

ミルくりあん

みそらやcafe［南阿蘇］

十一月九日

マロンフロマージュ

クラフトカフェ［浦和］

十一月十日

栗

和・カフェ蛍茶園［大分］

十一月十一日

ピーチメルバ

さくら氷菓店［土浦］

十一月十二日

温デコ

和・カフェ蛍茶園［大分］

十一月十三日

抹茶パンプキン

クラフトカフェ［浦和］

十一月十四日

焼きリンゴグラノーラ

A.cocotto［名古屋］

十一月十五日

みるくといろんなものが入ったあんこ

浅草浪花家［浅草］

十一月十六日

りんごレモンミルクヨーグルト

慈げん［熊谷］

十一月十七日

ラズベリーミルクココア

慈げん［熊谷］

十一月十八日

かぼちゃ

おちゃのこ［奈良］

十一月十九日

かぼちゃ

浅草浪花家［浅草］

十一月二十日

富有柿とクリームチーズ
雪うさぎ［駒沢］

十一月二十一日

柿
KAKIGORI CAFE ひむろ［香川］

十一月二十二日

柿氷 2015
平宗 法隆寺店［奈良］

十一月二十三日

柿氷 2016
平宗 法隆寺店［奈良］

十一月二十四日

さわやかみるくとキウイ

浅草浪花家［浅草］

十一月二十五日

キウイラッシー

ティーハウスマユール宮崎台店［川崎］

十一月二十六日

キウイヨーグルトごおり

ほうせき箱［奈良］

十一月二十七日

キウイレモンクリーム

A.cocotto［名古屋］

十一月二十八日

ザ・プレミにキャラメル

慈げん［熊谷］

十一月二十九日

大人のティラミス
さくら氷菓店［土浦］

十一月三十日

秋の夜長はかぼちゃでまったり。

かぼちゃキャラメル

雪うさぎ［駒沢］

十二月

December

十二月一日

クリスマス生いちごと
二層のショコラ
梵くら［仙台］

十二月二日

苺のクリスマスツリー
クラフトカフェ［浦和］

十二月三日

抹茶とホワイトチョコのエスプーマ
ほうせき箱［奈良］

十二月四日

ブッシュドノエル
セバスチャン［渋谷］

忘年会の〆はかき氷。

十二月五日

京都小山園ほうじ茶

生粋［外神田］

十二月六日

バジルレモン

生粋［外神田］

十二月七日

薩摩しろくま

生粋［外神田］

十二月八日

コーヒーミルク

生粋［外神田］

十二月九日

さつまミルクみたらしシロップ添え

慈げん［熊谷］

十二月十日

あさやけ

浅草浪花家［浅草］

十二月十一日

ホットトマトレモンタバスコ入り

慈げん［熊谷］

十二月十二日

アップルジンジャーシナモン

梵くら［仙台］

十二月十三日

ゆずと大根

慈げん［熊谷］

十二月十四日

エスプレッソミルク

雪うさぎ［駒沢］

十二月十五日

きなこホイップ

さくら氷菓店［土浦］

十二月十六日

ホワイトショコラとピスタチオ&ラズベリー

梵くら［仙台］

十二月十七日

カプチーノ

クラフトカフェ［浦和］

十二月十八日

キャラメルナッツ

おちゃのこ［奈良］

十二月十九日

タピオカミルクティー

ティーハウスマユール宮崎台店［川崎］

十二月二十日

ミルククリームココア

A.cocotto［名古屋］

十二月二十一日

冬至

一年で最も夜が長い日は
柑橘系氷で
ゴーラーズトーク（笑）。

美生柑
氷屋ぴぃす［吉祥寺］

十二月二十二日

気まぐれプディング
氷屋ぴぃす［吉祥寺］

十二月二十三日

天皇誕生日

バースディかき氷（予約制）
セバスチャン［渋谷］

十二月二十四日

クリスマスイブ

クリスマスツリー
氷屋ぴぃす［吉祥寺］

十二月二十五日

クリスマス

Merry Xmas

クリスマス氷
ティーハウスマユール宮崎台店［川崎］

十二月二十六日

クリスマス限定氷・3層のショコラ

梵くら［仙台］

十二月二十七日

ジェネバ〜赤いりんごのかき氷

クラフトカフェ［浦和］

十二月二十八日

クリスタルレモン

おまち堂＆FRUTAS［岡山］

十二月二十九日

ザ・金柑に濃厚ミルク

慈げん［熊谷］

十二月三十日

晦日

私的な習わしですが、
一年の〆は慈げんの千秋楽に
〝これ〟と決めています。

黒蜜きなこクリーム

慈げん［熊谷］

十二月三十一日

大晦日

今日は紅白に分かれて一年を振り返る日。

生いちご

志むら［目白］

一月

January

書初めは、書き氷。

一月一日　元旦

正月氷2015 大吟醸生直実いちご

慈げん［熊谷］

一月二日

正月氷・赤富士
クラフトカフェ［浦和］

一月三日

正月氷・甘酒大吟醸

雪うさぎ［駒沢］

一月四日

正月氷・大吟醸獺祭

氷屋ぴぃす［吉祥寺］

一月五日

正月氷・久保田萬寿

氷屋ぴぃす［吉祥寺］

一月六日

正月氷・黒豆抹茶みるく

クラフトカフェ［浦和］

一月七日

正月氷・みかんあん

クラフトカフェ［浦和］

一月八日

正月氷・白あんとみかん

浅草浪花家［浅草］

一月九日

和三盆

さくら氷菓店［土浦］

一月十日

和三盆

慈げん［熊谷］

一月十一日

きなこ

浅草浪花家［浅草］

一月十二日

琥珀パールミルク

ほうせき箱［奈良］

一月十三日

ティラミス

Bum Bun Blau Cafe with Bee Hive［品川］

一月十四日

若草氷

おちゃのこ［奈良］

一月十五日

ほわいと黒豆

浅草浪花家［浅草］

一月十六日

自家製石臼挽ききなこ&
沖縄さとうきび100%黒糖

Bum Bun Blau Cafe with Bee Hive［品川］

一月十七日

玉糖生姜

梵くら［仙台］

一月十八日

黒ゴマ求肥ミルク

ティーハウスマユール宮崎台店［川崎］

一月十九日

ピスタチオエスプーマ

Bum Bun Blau Cafe with Bee Hive［品川］

一月二十日

生みかん
さくら氷菓店［土浦］

一月二十一日

デコポンミルク
梵くら［仙台］

一月二十二日

曽保みかん
KAKIGORI CAFE ひむろ［香川］

一月二十三日

レアチーズ蜜柑
クラフトカフェ［浦和］

一月二十四日

バナナキャラメル
さくら氷菓店［土浦］

一月二十五日

甘酒
ティーハウスマユール
宮崎台店
［川崎］

一月二十六日

安納焼き芋
焦がしキャラメルソース

Bum Bun Blau Cafe with Bee Hive［品川］

一月二十七日

おいもみたらし
カラメル

A.cocotto［名古屋］

一月二十八日

むらさき芋

HACHIKU［池袋］

一月二十九日

スイートポテト＆アップルパイ

クラフトカフェ［浦和］

一月三十日

鳴門金時

雪うさぎ［駒沢］

一月三十一日

ピスタチオとホワイトチョコレート
フランボワーズのアクセス

セバスチャン［渋谷］

二月

February

あまい恋の予感。

二月一日

白チョコ
廚菓子くろぎ
［本郷］

二月二日

Happy my Valentine
氷屋ぴぃす［吉祥寺］

二月三日

立春

うぐいす

志むら［目白］

二月四日

節分

わたくし事で恐縮ですが、
わたくしの誕生日です（笑）。

福は内

氷屋ぴぃす［吉祥寺］

二月五日

無農薬紫芋金時ミルクフロマージュ

梵くら［仙台］

二月六日

いちごのショートケーキ
ショコラホイップ

セバスチャン［渋谷］

二月七日

アボナッツ

HACHIKU［池袋］

二月八日

マサラチャイ

ティーハウスマユール宮崎台店［川崎］

二月九日

バレンタイン限定2015
ストロベリーチョコレート&
ブラックチョコレート&クラッシュアーモンド
梵くら[仙台]

二月十日

バレンタイン氷
ティーハウスマユール宮崎台店[川崎]

二月十一日

2015 バレンタイン氷
ベリーベリーチョコっとキャラメル
慈げん[熊谷]

二月十二日

バレンタイン
ティラミス
クラフトカフェ[浦和]

二月十三日

バレンタイン氷
2016
雪うさぎ［駒沢］

二月十四日

St Valentine's day

バレンタイン限定 2016
ブラックチョコレート&ビターキャラメルチョコレート
梵くら［仙台］

二月十五日

黒蜜きなこ
廚菓子くろぎ
［本郷］

二月十六日

ブラッドオレンジ
梵くら［仙台］

二月十七日

キウイ

山口果物［大阪］

二月十八日

ぷりんちゃん

さくら氷菓店［土浦］

二月十九日

柚和三盆

ティーハウスマユール宮崎台店［川崎］

二月二十日

ペッパーチーズキャラメル

クラフトカフェ［浦和］

二月二十一日

おいも

浅草浪花家［浅草］

二月二十二日

チャイハニーナッツ

A.cocotto

［名古屋］

二月二十三日

安納芋金時ミルクフロマージュ

梵くら［仙台］

二月二十四日

アボカドミルク

ティーハウスマユール宮崎台店［川崎］

二月二十五日

アボカド豆乳生キャラメルソース

Bum Bun Blau Cafe with Bee Hive［品川］

二月二十六日

ミックスナッツ

Bum Bun Blau Cafe with Bee Hive［品川］

二月二十七日

カルピスプレミアム

さくら氷菓店［土浦］

二月二十八日

ミックスベリー

さくら氷菓店［土浦］

三月

March

三月一日

質、量、価格、
全てにおいて
苺がオイシイ季節。
ゴーラーたちは
美味しい苺を求めて
東へ西へ苺旅。

レモンミルクヨーグルト　ザ・生いちご　プレミアムミルク

いちご三昧
慈げん［熊谷］

苺デラックス

赤鰐［岐阜］

三月三日　ひな祭り

ひなみるく
HACHIKU［池袋］

三月四日

生いちご

ティーハウスマユール宮崎台店［川崎］

三月五日

いちご＆カルピスホイップ

赤鰐［岐阜］

三月六日

カラメルミルクカスタード

ほうせき箱［奈良］

三月七日

生いちご

慈げん［熊谷］

三月八日

いちごミルク氷

おちゃのこ［奈良］

三月九日

なら苺大福ごおり

ほうせき箱［奈良］

三月十日

いちご杏仁ミルク

おちゃのこ［奈良］

三月十一日

冬いちご

和・カフェ蛍茶園［大分］

三月十二日

ホイップストロベリー

クラフトカフェ［浦和］

三月十三日

生いちごミルク

梵くら［仙台］

三月十四日

White day

ほわいとらぶ

慈げん[熊谷]

三月十五日

いちごミルフィーユ
セバスチャン［渋谷］

三月十六日

いちごのフロマージュ
雪うさぎ［駒沢］

三月十七日

イチゴ
Kotikaze［大阪］

三月十八日

生いちご
山口果物［大阪］

三月十九日

いちご

二條若狭屋 寺町店［京都］

三月二十日

春分の日

いちご

祇園日［京都］

三月二十一日

足湯かき氷@杖立温泉

ホワイトチョコいちご
和・カフェ蛍茶園
［大分］

三月二十二日

苺大福氷

平宗 法隆寺店［奈良］

三月二十三日

生いちごミルミルクスペシャル

おまち堂&FRUTAS［岡山］

三月二十四日

思い出のいちごミルク

雪うさぎ［駒沢］

三月二十五日

いちご（参考商品）

厨菓子くろぎ［本郷］

三月二十六日

いちごミルク

カフェクノップゥ［横浜］

三月二十七日

スペシャル苺～白あんクリーム

クラフトカフェ［浦和］

かき氷ユニット
ひやものがかり

三月二十八日

ショートケーキ
さくら氷菓店［土浦］

三月二十九日

ホイップいちごミルク
HACHIKU［池袋］

三月三十日

炙り
佐助［栃木］

三月三十一日

ふわふわ
Wストロベリー
氷屋ぴぃす［吉祥寺］

四月

April

四月一日

エイプリルフール

これ、かき氷なんです（笑）。

イチゴのクレームブリュレ

セバスチャン［渋谷］

四月二日

桜前線を先取りして桜氷が満開になります。

桜餅

お茶と酒 たすき［京都］

四月三日

煎茶とライムのかき氷
お茶と酒 たすき［京都］

四月四日

焙じ茶みつ（きなこ練乳付）
お茶と酒 たすき［京都］

四月五日

桜

慈げん［熊谷］

四月六日

櫻 氷

みそらやcafe

［南阿蘇］

四月七日

さくら

廚菓子くろぎ［本郷］

四月八日

さくら餅

セバスチャン［渋谷］

四月九日

桜スペシャル

ティーハウスマユール宮崎台店［川崎］

四月十日

桜氷

カフェクノップゥ［横浜］

四月十一日

ミルク×
ミントリキュール×
桜色のジェリー
DERBAR［奈良］

四月十二日

ティラミス

祇園日［京都］

四月十三日

柑橘ミックス氷
ほうせき箱［奈良］

四月十四日

タロッコオレンジ
二條若狭屋 寺町店［京都］

四月十五日

マルコポーログレフル
A.cocotto［名古屋］

四月十六日

パパイヤ
和・カフェ蛍茶園［大分］

四月十七日

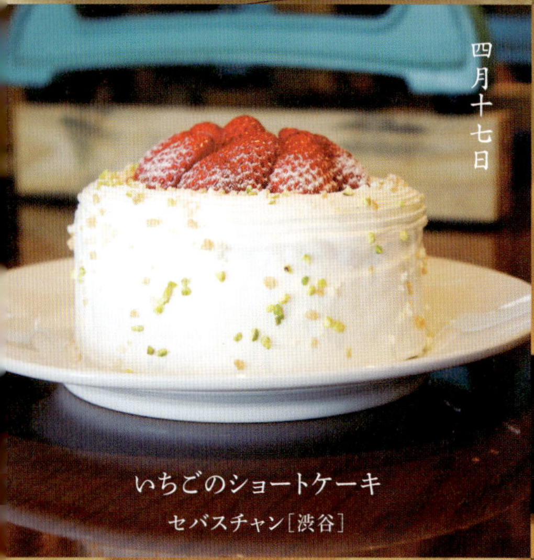

いちごのショートケーキ
セバスチャン［渋谷］

四月十八日

アッサムミルクティ
ほうせき箱［奈良］

四月十九日

バナナキャラメルグラノーラ
慈げん[熊谷]

四月二十日

漆野隠元の黒蜜凍り
しるけっちぁーの［鶴岡］

四月二十一日

ロイヤルミルクティ
おちゃのこ「奈良」

四月二十二日

イエローマジックの
柿酢夏期凍り
しるけっちぁーの「鶴岡」

四月二十三日

竜宮城

佐助［栃木］

四月二十四日

バナナミルクに
生いちごにレモンクリーム

慈げん［熊谷］

四月二十五日

河内晩柑
ヨーグルト

雪うさぎ［駒沢］

四月二十六日

ベリーベリーミルクココア

慈げん［熊谷］

四月二十七日

いちごミルク

梵くら［仙台］

四月二十八日

いちご

和・カフェ蛍茶園［大分］

四月二十九日

昭和の日

モカフラッペ

パラゴン［鹿児島］

四月三十日

プディング
慈げん［熊谷］

お店のこと。

クラフトカフェ

埼玉県さいたま市南区太田窪1695-1
☎048-882-0696
営業時間：12時～16時45分(LO)、土日祝12時～17時45分(LO)　定休日：木曜(夏季不定休)
◎かき氷は4月～9月まで全営業日、10月～3月はイベント期間のみ限定販売

掲載…5月27日/6月16日/7月5日/9月24日/11月9・13日/12月2・17・27日/1月2・6・7・23・29日/2月12・20日/3月12・27日

佐助

栃木県塩谷郡塩谷町大字船生3733-1
道の駅「湧水の里しおや」内
☎0287-41-6101
営業時間：10時～17時　定休日：月曜
◎かき氷は通年営業

掲載…7月23日/8月30日/3月30日/4月23日

Cafe&Diningbar
珈茶話 kashiwa

栃木県日光市今市1147
☎0288-22-5876
営業時間：11時～16時、18時～24時　定休日：水曜
◎かき氷の販売は通年

掲載…9月17・26日

さくら氷菓店

茨城県土浦市城北町14-9
☎080-1176-0039
営業時間：15時～20時、土日13時～15時30分(夏期は変更あり)　定休日：不定休
◎かき氷は通年営業

掲載…5月7日/8月11・18・27日/9月21日/11月7・11・29日/12月15日/1月9・20・24日/2月18・27・28日/3月28日

東京・神奈川

浅草浪花家

東京都台東区浅草2-12-4
☎03-3842-0988
営業時間：10時～19時　定休日：火曜
◎かき氷は通年営業

掲載…5月8・22日/10月19日/11月15・19・24日/12月10日/1月8・11・15日/2月21日

■本書で紹介する全てのかき氷が常時販売されているわけではありません。ご注意ください。
■お店のデータは2016年3月31日現在のものです。税率の変更や素材の相場などにより、メニューは変わることがあります。
■天候や食材の入荷状況などにより、営業時間や日程が変更することもございます。訪れる際は電話、ウェブページなどで事前にご確認ください。

W＝ウェブページ
f＝facebook
t＝twitter
I＝Instagram

東北

Zupperia荘内藩
しるけっちぁーの

山形県鶴岡市家中新町10-18(致道博物館となり)
☎0235-24-3632
営業時間：9時～16時30分　定休日：木曜
◎かき氷の営業は6月～10月(食材の状況により変更あり)

掲載…4月20・22日

梵くら

宮城県仙台市青葉区立町23-14 スクエアビル3F
☎022-346-9027
営業時間：冬12時～18時、夏11時～シロップがなくなり次第終了　定休日：月曜
◎かき氷は通年営業

掲載…5月3・6・14日/6月1・18～21・26・29日/7月20・26日/8月6日/9月22・30日/10月31日/11月4・5日/12月1・12・16・26日/1月17・21日/2月5・9・14・16・23日/3月13日/4月27日

埼玉・栃木・茨城

慈げん

住所非公開・☎非公開
営業の情報は「慈げんの業務連絡twitter」で

掲載…5月1・30日/6月4・7・13・24日/7月2・6・7・9～11・30日/8月5・13・16日/11月2・6・16・17・28日/12月9・11・13・29・30日/1月1・10日/2月11日/3月1・7・14日/4月5・19・24・26・30日

セバスチャン

東京都渋谷区神山町7-15　☎03-5738-5740
営業時間：ツイッターか電話で要確認
定休日：不定休　◎かき氷は通年営業

掲載…5月9日/6月5・6・25日/7月3日/12月4・23日/1月31日/2月6日/3月15日/4月1・8・17日

雪うさぎ

東京都世田谷区駒沢3-18-2　☎03-3410-7007
営業時間：11時30分～23時　定休日：月曜
◎かき氷は通年営業

掲載…8月19・28日/9月28日/10月8日/11月1・20・30日/12月14日/1月3・30日/2月13日/3月16・24日/4月25日

目黒ひいらぎ

東京都目黒区鷹番3-18-3　☎03-6412-7945
営業時間：11時～20時、日祝11時～19時
定休日：火曜　◎かき氷の営業は6月～9月

掲載…8月17日

ちもと

東京都目黒区八雲1-4-6　☎03-3718-4643
営業時間：10時～18時　定休日：木曜
◎かき氷の営業は7月中旬～9月中旬の予定

掲載…7月19日

Bum Bun Blau Cafe with Bee Hive《ブンブンブラウカフェウィズビーハイブ》

東京都品川区旗の台3-12-3　J・BOXビル2F
☎03-6426-8848

掲載…5月28日/1月13・16・19・26日/2月25・26日

いちょうの木

東京都品川区北品川1-28-14　☎090-8818-2835
営業時間：11時30分～16時(LO)　定休日：木曜
◎かき氷は通年営業

掲載…6月14日/9月15日

HACHIKU はちく

東京都豊島区西池袋3-32-6　藤栄ビル1F
☎非公開
営業時間：13時～20時　定休日：不定(ツイッターにて知らせあり)　◎かき氷の営業は通年

掲載…7月25日/1月28日/2月7日/3月3・29日

廚菓子《くりやかし》くろぎ

東京都文京区本郷7-3-1
東京大学春日門内ダイワユビキタス学術研究館1F
☎03-5802-5577
営業時間：9時～19時(LO 18時30分)
定休日：不定休
◎かき氷の営業は9月まで、10月以降は販売未定

掲載…11月3日/2月1・15日/3月25日/4月7日

志むら

東京都豊島区目白3-13-3　☎03-3953-3388
営業時間：平日10時～18時30分(LO)、祝日10時～17時30分(LO)　定休日：日曜
◎かき氷の営業は4月～10月、冬季は天然氷の入荷次第

掲載…10月1・6日/12月31日/2月3日

森乃園

東京都中央区日本橋人形町2-4-9
☎03-3667-2666
営業時間：12時～17時(LO)、土日11時30分～17時(LO)
定休日：無休(年始のみお休み)
◎かき氷の営業は6月末～9月初旬

掲載…5月24日/8月26日

生粋《なまいき》

東京都千代田区外神田6-14-7　2F
☎03-5817-8929
営業時間：17時～23時(LO)　定休日：月曜
◎焼肉店なので、かき氷はデザートとして提供

掲載…12月5～8日

たこ八

東京都港区東麻布2-24-6 木村麻布ビル1F
☎03-5545-5085
営業時間：17時～24時(LO)　定休日：日曜
◎かき氷は通年営業

掲載…10月18日

Anjin アンジン

東京都渋谷区猿楽町17-5
代官山蔦屋書店 2号館2F　☎03-3770-1900
営業時間：9時～26時　定休日：無休
◎かき氷の提供は7月～9月中旬を予定

掲載…8月2日

緋毬

愛知県名古屋市中区栄3-4-6　サカエチカ内

☎052-961-6082

営業時間：10時～20時（LO 19時45分）

定休日：元旦　◎かき氷は通年営業

掲載…5月31日/10月21日

A.cocotto

https://www.instagram.com/a.cocotto/

でご確認ください。

掲載…10月2日/11月14・27日/12月20日/1月27日/2月22日/4月15日

赤鰐

岐阜県岐阜市八幡町13　☎058-264-9552

営業時間：11時30分～20時（LO 19時30分）

定休日：水曜　◎かき氷は通年営業

掲載…5月11日/7月1日/9月20日/3月2・5日

関西

中村軒

京都府京都市西京区桂浅原町61　☎075-381-2650

営業時間：9時30分～18時（LO 17時45分）

定休日：水曜（祝日は営業）

◎かき氷の営業は4月末～9月末

掲載…7月21日/8月12日

祇園日

京都府京都市東山区祇園町南側570-8

☎075-525-7128

営業時間：11時～18時（LO 17時30分）

定休日：水曜　◎かき氷は通年営業

掲載…10月30日/3月20日/4月12日

二條若狭屋 寺町店

京都府京都市中京区寺町通二条下ル榎木町67

☎075-256-2280

営業時間：10時～17時（LO 16時30分）

定休日：水曜　◎かき氷は通年営業

掲載…5月13日/3月19日/4月14日

氷屋ぴぃす

東京都武蔵野市吉祥寺南町1-9-9

吉祥寺じぞうビル 1F

☎090-2333-3303　営業時間内はつながらないこともあります

営業時間：14時～21時、土日12時～19時

定休日：月曜　◎かき氷は通年営業

掲載…7月4日/12月21・22・24日/1月4・5日/2月2・4日/3月31日

BALLON D'ESSAI《バロンデッセ》

東京都世田谷区北沢2-30-11　北沢ビル1F

☎03-6407-0511

営業時間：平日11時30分～21時、土日祝10時30分～21時　定休日：月曜

掲載…5月10・29日

氷舎mamatoko

https://www.instagram.com/kakigoorimamatoko/

またはお店のfacebookでご確認ください。

掲載…7月31日/9月3日

ティーハウスマユール宮崎台店

神奈川県川崎市宮前区宮崎2-3-12

宮崎台ルピナス103

☎044-854-2430　夏季期間中電話応対不可

営業時間：11時～17時（LO）、土日祝11時～16時（LO）

定休日：不定休

◎かき氷の営業は通年。売り切れ終了の場合もあり

掲載…9月29日/11月25日/12月19・25日/1月18・25日/2月8・10・19・24日/3月4日/4月9日

カフェクノップゥ

神奈川県横浜市青葉区あざみ野2-28-10

エステービル1F　☎045-532-9795

営業時間：10時～18時30分（LO）　定休日：火曜（祝日は営業、翌日休業）　◎かき氷は通年営業

掲載…3月26日/4月10日

東海

ぬのはし

静岡県浜松市中区布橋2-10-3　☎053-473-1821

営業時間10時30分～18時　定休日：水曜

◎かき氷は通年営業

掲載…7月27日

春日野窯
奈良県奈良市春日野町158-9　☎0742-23-3557
営業時間：11時～17時　定休日：火、水、木曜
◎かき氷の営業は5月～10月
掲載…9月4日

Kotikaze こちかぜ
大阪府大阪市天王寺区空清町2-22
☎06-6766-6505
営業時間：8時～18時30分（LO 18時）
定休日：不定休　◎かき氷の営業は4月中旬～10月末
掲載…8月7日/3月17日

山口果物
大阪府大阪市中央区上本町西2-1-9　宏栄ビル1F
☎06-6191-6450
営業時間：10時～20時（LO 19時30分）
定休日：不定休　◎かき氷は通年営業
掲載…6月3日/2月17日/3月18日

野口商店
大阪府大阪市淀川区十三東4-4-1
☎06-6301-0749
営業時間：10時～19時（7、8月は日祝13時～18時）
定休日：5、6、9、10月は日祝
◎かき氷の営業は5月上旬～10月中旬
掲載…8月1・20～25日/9月25日

松下キッチン
大阪府大阪市東成区東小橋1-18-32　☎非公開
営業時間：10時～20時　定休日：不定休
掲載…6月23日

çocoo cafe コクウカフェ
大阪府大阪市西区靭本町2-2-23
センターコート前ビル4F　☎06-4981-0816
営業時間：11時30分～21時（LO 20時）
定休日：金曜、第2・4日曜　◎かき氷は通年営業
掲載…6月22日

八角堂
大阪府堺市堺区神石市之町19-2　☎072-261-8919
営業時間：10時～18時　定休日：火曜（祝日は営業）
◎かき氷は通年営業
掲載…9月13日

お茶と酒 たすき
京都府京都市東山区末吉町77-6
☎075-531-2700
営業時間：11時～19時（LO 18時30分）
※バータイム20時～翌4時　※売り切れ次第終了
定休日：無休　◎かき氷は通年営業
掲載…4月2～4日

伽藍堂
滋賀県大津市松原町9-29　☎077-537-7433
営業時間：10時～売り切れ次第終了
定休日：水曜、第1・3火曜（不定休あり）
◎かき氷の営業は4月中旬～10月上旬
掲載…6月9日/7月8日/10月7・20日

おちゃのこ
奈良県奈良市小西町35-2　コトモール1F
☎0742-24-2580
営業時間：10時～20時（LO 19時30分）
定休日：1、2、5、6、7、8、11月の第3水曜、元旦
◎かき氷は通年営業
掲載…5月18・26日/6月12日/11月18日/12月18日/1月14日/3月8・10日/4月21日

DERBAR デルベア
☎0742-46-7778
※営業時間、場所などはfacebookで確認
掲載…7月13日/8月10日/4月11日

ほうせき箱
奈良県奈良市餅飯殿町12　もちいどの夢CUBE
☎0742-93-4260
営業時間：11時～19時（LO 18時）　定休日：木曜
◎かき氷は通年営業
掲載…5月21・25日/9月10日/11月26日/12月3日/1月12日/3月6・9日/4月13・18日

平宗 法隆寺店
奈良県生駒郡斑鳩町法隆寺1-8-40
法隆寺参道東側　☎0745-75-1110
営業時間：11時～17時（LO 16時）　定休日：無休
◎かき氷は通年営業
掲載…11月22・23日/3月22日

純喫茶長寿
山口県山口市小郡下郷明治西1248-41
☎083-972-0567
営業時間:9時30分～19時(LO 18時30分)
定休日:日曜　◎かき氷の営業は6月～9月
掲載…5月20日

ジェネレ
山口県山口市錦町5-25　☎083-932-0180
営業時間:11時～19時(LO 18時30分)
定休日:月曜　◎かき氷の営業は5月中旬～9月中旬
掲載…6月10・11日

四国

あんから庵
愛媛県松山市二番町2-5-11　菅ビル2F
☎089-935-8858
営業時間:11時～20時　定休日:金曜、第1・3木曜
◎かき氷の営業は4月中旬～10月末の予定
掲載…9月5・8日/10月28日

ほてい茶屋
高知県高知市帯屋町2-3-1 ひろめ市場内
☎088-822-5581
営業時間:10時～22時　定休日:無休
◎かき氷は通年営業
掲載…10月24日

茜庵
徳島県徳島市徳島町3-44　☎0886-25-8866
営業時間:9時～19時(かき氷は10時～17時)
定休日:元旦　◎かき氷の営業は6月中旬～8月末
掲載…7月28日

KAKIGORI CAFE ひむろ
香川県三豊市仁尾町仁尾乙202
☎0875-82-2101
営業時間:11時～18時
定休日:月曜(祝日の場合は翌火曜休)、第2火曜
◎かき氷は通年営業
掲載…5月12日/6月27日/7月17・18日/9月2・12日/11月21日/1月22日

中国

おまち堂
岡山県岡山市南区福浜西町1-1
☎086-262-5660
営業時間:10時～19時(夏期) ※冬期は11時～18時
定休日:水曜　◎かき氷は通年営業
掲載…6月8日/9月1・23日/10月5日

おまち堂&FRUTAS
岡山県岡山市北区問屋町12-101
☎086-246-3686
営業時間:10時～19時　定休日:無休
◎かき氷は通年営業
掲載…12月28日/3月23日

カニドン
岡山県岡山市北区表町2-2-64　☎086-233-8982
営業時間:10時30分～19時30分
定休日:火曜(祝日は営業、翌日休業)
◎かき氷は通年営業
掲載…9月14・19日

玉氷
広島県廿日市市宮島町もみじ谷(旅館・岩惣)
☎0829-44-2233
営業時間:10時～17時　定休日:不定休
◎かき氷は夏期営業
掲載…5月2・16日/6月2・30日/7月14・16日/9月7日/10月3・14日

ととあん
広島県尾道市土堂1-10-2　☎0848-22-5303
営業時間:10時30分～18時30分(LO 18時)
定休日:木曜　◎かき氷の営業は4月～10月
掲載…7月15日/10月23日

小春カフェ
広島県広島市中区榎町11-1　☎082-942-5861
営業時間:11時～17時　定休日:木曜
◎かき氷の営業は6月～9月(ただしクリームぜんざいは通年)
掲載…5月15日/7月12日/10月4・29日

パラゴン
鹿児島県いちき串木野市昭和通102
☎0996-32-1776
営業時間：12時～24時（LO 23時）
定休日：火曜と第1月曜
◎かき氷の営業は夏至～秋分の日
掲載…8月14日/4月29日

天文館むじゃき
鹿児島県鹿児島市千日町5-8 天文館むじゃきビル
☎099-222-6904
営業時間：月曜～土曜=11時～21時30分 日曜・祝日・7・8月=10時～21時30分　◎かき氷は通年営業
掲載…7月24日/8月15日

ひがし食堂
沖縄県名護市大東2-7-1　☎0980-53-4084
営業時間：11時～19時（LO 18時30分）
定休日：正月3が日、旧盆　◎かき氷は通年営業
掲載…10月11日

パーラーマルミット
沖縄県名護市宮里5-2-7　☎0980-53-2190
営業時間：11時～18時　定休日：日曜
◎かき氷は通年営業
掲載…10月12日

千日
沖縄県那覇市久米1-7-14　☎098-868-5387
営業時間：夏期=11時30分～20時（6月下旬～9月末）、冬期=11時30分～19時　定休日：月曜（祝日は営業、翌日休業）　◎かき氷は通年営業
掲載…10月13日

パーラーみんぴか
沖縄県八重山郡竹富町波照間465　☎無し
営業時間：11時～13時、14時30分～16時30分
定休日：木曜　◎かき氷は通年営業
掲載…5月4日/6月17日/9月16日/10月10日

九州・沖縄

鈴懸本店
福岡県福岡市博多区上川端町12-20
ふくぎん博多ビル 1F　☎092-291-0050
営業時間：茶舗 11時～20時（LO 軽食19時、甘味19時30分）/菓子 9時～20時　定休日：無休（1月1日、2日は休み）　◎かき氷の営業は5月上旬～9月末頃
掲載…7月22・29日

うめのま
福岡県福岡市中央区渡辺通3-1-16
アビタ-レエクセラ 1F　☎092-726-6119
営業時間：11時～19時　定休日：水曜不定休
◎かき氷の営業は6月～9月下旬
掲載…5月19日/6月28日/10月9・26日

和・カフェ蛍茶園
大分県中津市耶馬溪町大字金吉3713
☎0979-56-2161
営業時間：12時～16時30分（LO 16時）
定休日：月曜（12月～2月は冬期休業）
◎かき氷は通年営業（休業期間を除く）
掲載…6月15日/8月3・29・31日/9月6・9・11・18・27日/10月22日/11月10・12日/3月11・21日/4月16・28日

しるこ一平
佐賀県佐賀市白山1-2-20　☎0952-25-0535
営業時間：11時～19時（LO 18時30分）
定休日：不定休　◎かき氷は通年営業
掲載…5月23日/10月15～17日

みそらやcafe
熊本県阿蘇郡南阿蘇村河陰3978-1
☎0967-67-2066
営業時間：11時～17時（LO 17時）　定休日：水・木曜
◎かき氷の営業は4月～11月まで
掲載…5月17日/8月4・8・9日/10月25・27日/11月8日/4月6日

百姓うどん
宮崎県宮崎市大塚町乱橋4502-1　☎0985-53-6759
営業時間：7時～19時30分（かき氷は19時まで）
定休日：火曜
◎かき氷の営業は4月下旬～体育の日まで
掲載…5月5日

あとがき

熊本県小国町の杖立温泉で開催された
足湯かき氷のイベントに出店していた
和・カフェ蛍茶園のひろみさんが、
シャカシャカと奇麗な氷を掻いていると、
どこからともなく一人の少年が現れ、
かき氷が出来る様をかぶりつきで見ていた。
刃に削られハラハラと落ちる氷の断片。
その氷がどんな仕組みで削られるのか、
少年の好奇心は自由に視点を変えながら、
かき氷機の動きやひろみさんの手の動きを、
目をキラキラさせながら見つめていた。
子供たちの将来の夢の中に
「日本一のかき氷屋さんになること」
が登場する日もそう遠くなさそうだ。

最後に

今回も沢山の皆様にご協力いただき本を完成することができました。
取材にご協力くださいましたお店の皆様、ご出演くださいましたお店の常連客の皆様、
そして今回、素敵な写真をご提供くださいました梵くらの佐藤さん、佐助の阿久津さん、ひむろの小野さん、氷舎mamatokoの麻子さん、A.cocottoの鮎子さん、野口商店の野口さん、平宗の平井さん、DEABARの熊倉さん、本当にありがとうございました。
もし次があるならば、もっと皆で寄ってたかって氷の本を作りたい思います。
今度みんなで密談しましょう（笑）。

原田 泉

撮影：石松裕治

原田 泉 はらだ いずみ

プロデューサー・映像作家
1991年にフジテレビ「世にも奇妙な物語」でプロデューサーとしてのキャリアをスタートし、これまでに多くのテレビドラマや映画、CM、PVなどを手掛け、2011年からは映像作家として自ら企画、撮影、編集するスタイルで多くの作品を手掛ける。2015年に自身初の書籍「にっぽん氷の図鑑」でかき氷評論家としてデビュー。本作「一日一氷」が二作目となる。
食生活ジャーナリストの会JFJ会員

撮影・編集制作　原田　泉
イラストレーション　古川寛貴
ブックデザイン　高橋美保

一日一氷 365日のかき氷

発行日　2016年4月30日
著者　原田　泉
編集　大木淳夫

発行人　木本敬巳
発行・発売　ぴあ株式会社
〒150-0011 東京都渋谷区東1-2-20
渋谷ファーストタワー
編集：03(5774)5267　販売：03(5774)5248
印刷・製本　株式会社シナノパブリッシングプレス

ISBN978-4-8356-2884-4